Nikolay Seriukov

Combinando Inteligência Artificial com TRIZ

Nikolay Seriukov

Combinando Inteligência Artificial com TRIZ

TRIZ, ARIZ, IA e redes neuronais, versões da sua combinação no fabrico inteligente moderno

ScienciaScripts

Imprint
Any brand names and product names mentioned in this book are subject to trademark, brand or patent protection and are trademarks or registered trademarks of their respective holders. The use of brand names, product names, common names, trade names, product descriptions etc. even without a particular marking in this work is in no way to be construed to mean that such names may be regarded as unrestricted in respect of trademark and brand protection legislation and could thus be used by anyone.

Cover image: www.ingimage.com

This book is a translation from the original published under ISBN 978-620-8-11824-2.

Publisher:
Sciencia Scripts
is a trademark of
Dodo Books Indian Ocean Ltd. and OmniScriptum S.R.L publishing group

120 High Road, East Finchley, London, N2 9ED, United Kingdom
Str. Armeneasca 28/1, office 1, Chisinau MD-2012, Republic of Moldova, Europe
Printed at: see last page
ISBN: 978-620-3-32383-2

Conteúdo

Palavras-chave

Brainstorming, Conceção da inovação, Computador quântico, Sistemas técnicos integrais, Leis de desenvolvimento dos sistemas técnicos, Integração vertical e horizontal, Função de análise, Abordagem dialética, Formulação de um problema inventivo, Formulação de princípios para atingir um resultado final ideal.

Anotação

Os métodos da conceção inovadora moderna são a integração vertical e horizontal em grande escala e os princípios e métodos para alcançar o resultado final ideal devem muito provavelmente transformar-se no princípio da seleção complexa de componentes funcionais autónomos do objeto para a integração horizontal e vertical da disposição.

Uma vez que a invenção pura não existe no processo de inovação moderno, pelo menos um dos elementos de integração deve ser o princípio da viabilidade comercial - para a integração horizontal - e o princípio da universalidade da aplicação em várias categorias tecnológicas, nem sempre, à primeira vista, logicamente relacionadas entre si - para a integração vertical e para ligar as caraterísticas do programa dos subsistemas recebidos ao conceito geral de gestão e controlo.

As máquinas e dispositivos modernos, especialmente os supersistemas que contêm elementos de inteligência artificial e redes neuronais artificiais nos subsistemas de controlo e monitorização, têm outras caraterísticas técnicas, que formam um complexo para todo o supersistema - supersistema inteligente com todas as ligações entre subsistemas, definindo - ligações inteligentes e mecanismos de software inteligentes de interação entre subsistemas.

Introdução

Leis e práticas do desenvolvimento integrado de sistemas técnicos integrados e de supersistemas em condições de aplicação de computadores quânticos e das suas modificações simplificadas em combinação com elementos incorporados de inteligência artificial e de redes neurais artificiais.

Em relação ao fator-chave que determina a eficiência das empresas inovadoras e a correção da escolha da estratégia de patentes e licenças para o desenvolvimento de projectos inovadores com um elevado nível de novidade mundial das soluções técnicas e de software utilizadas, os investidores e gestores de novos projectos (pode-se dizer - pioneiros) enfrentam a falta do nível necessário de velocidade e profundidade do processamento analítico instantâneo da informação ao modelar processos em computadores modernos. As informações sobre os resultados positivos dos testes do computador quântico criado na GUGL Corporation deram uma esperança razoável de progressos nesta direção.

CAPÍTULO 1

Por definição e informações de base disponíveis, -

Um computador quântico é um dispositivo informático que utiliza os fenómenos da mecânica quântica para transferir e processar dados

.(Um computador quântico (ao contrário de um computador convencional) não funciona com bits (capazes de assumir o valor 0 ou 1), mas com bits Q, que têm os valores 0 e 1 ao mesmo tempo.

Teoricamente, isto permite o processamento simultâneo de todos os estados possíveis dos sistemas a todos os níveis (supersistemas e subsistemas), alcançando uma superioridade significativa em relação aos computadores convencionais.

Além disso, a falta de tais ferramentas analíticas aumenta atualmente de forma significativa a parte dos custos do orçamento dos projectos de inovação, uma vez que requer despesas significativas em modelização informática e re-seleção a alta velocidade de opções com avaliação analítica caraterística da sua aceitabilidade e de todos os aspectos da eficiência.

Além disso, as leis do desenvolvimento de sistemas técnicos formuladas na TRIZ (teoria da resolução inventiva de problemas) não podem refletir toda a variedade de tarefas, funções e caraterísticas de um objeto multifuncional moderno e, tendo em conta todos os factores novos e emergentes que caracterizam um objeto inovador, é necessário redefinir essas leis, ligando-as às leis do desenvolvimento de estruturas comerciais e da comercialização de ideias inovadoras.

As formulações devem basear-se nos dados obtidos e nos resultados de testes de computadores quânticos, tendo em conta a natureza das contradições básicas identificadas no objeto inovador.

A abordagem dialética (análise das contradições) integrada na principal ferramenta de resolução de problemas, que era o ARIZ (algoritmo para a resolução de problemas inventivos), foi distorcida pela introdução de novos conceitos (contradição técnica e física) cuja modelização em tempo real não era possível graças à velocidade e à potência dos computadores existentes.

Estes novos conceitos distorceram um pouco a essência da contradição dialética formulada na lógica dialética, o que levou a dificuldades na identificação da contradição ao tentar resolver problemas reais de inovação inventiva com a ajuda da ARIZ, devido à falta do recurso necessário de velocidade, profundidade e âmbito dos processos e aparelhos de modelização.

Deveríamos concentrar-nos nesta questão separadamente, mas há uma questão de princípio extremamente importante - o que pode ser considerado uma verdadeira tarefa inventiva inovadora?

Do ponto de vista de um investidor ou de um gestor de projeto, a avaliação analítica do desenvolvimento do projeto requer uma orientação clara da situação e uma modelização analítica de acordo com o seguinte esquema: como é que uma formulação correta ou incorrecta do problema inventivo pode afetar a comercialização da invenção que surgiu?

A formulação correta ou incorrecta das tarefas e objectivos do projeto, na ausência de uma modelação passo a passo, pode levar a uma má compreensão da questão clássica: - É possível proteger de forma fiável a solução técnica resultante contra cópias não autorizadas?

A procura de respostas para todas estas e muitas outras questões está agora a tornar-se uma parte importante da dialética da criação de uma estratégia de desenvolvimento de projectos comerciais inovadores e de patentes e licenças fiáveis de invenções criadas no âmbito da implementação de projectos em todas as etapas e fases de desenvolvimento.

Durante o período do seu desenvolvimento ativo (década de 1980), estas deficiências e erros foram compensados com sucesso pelo entusiasmo dos adeptos da TRIZ. No entanto, as falhas existentes na TRIZ e o abandono da TRIZ como resultado da crise de produção dos seus principais criadores, que foram capazes de ver essas falhas, levaram a uma estagnação no desenvolvimento da teoria. Em nossa opinião, esta é a principal razão pela qual nada de novo digno de atenção séria apareceu na TRIZ na última década.

1. Princípio de trituração
- para dividir o objeto em partes independentes;
- dobrável
- aumentar o grau de esmagamento do objeto

O critério de independência das partes em que se recomenda a divisão de um objeto nas máquinas e aparelhos modernos é praticamente impossível de cumprir.

As máquinas e dispositivos modernos, especialmente os supersistemas que contêm elementos de inteligência artificial e redes neuronais artificiais nos subsistemas de controlo e monitorização, têm outras caraterísticas técnicas, que formam um complexo para todo o supersistema - supersistema inteligente com todas as ligações entre subsistemas, definindo - ligações inteligentes e mecanismos de software inteligentes de interação entre subsistemas.

Se tivermos em conta o facto de os objectos de inovação modernos serem, na maioria das vezes, uma combinação integradora de aparelho, sistema, programa e método, é evidente que todas as partes ou componentes do objeto estão, em certa medida, ligadas a estes elementos.

Se seguirmos esta lógica, verifica-se que, se é necessário alcançar uma autonomia e independência completas das partes do objeto, é necessário dotar cada parte com a correspondência às especificadas - aparelho, sistema, programa e método, o que, tendo em conta o requisito da lei de patentes sobre a indivisibilidade do objeto da invenção, e conhecendo o princípio do design sobre a falta de significado da repetição de todas as caraterísticas construtivas, de software, tecnológicas e algorítmicas, identificadas no processo de divisão do objeto em partes, em cada uma das partes, faz com que esta técnica não seja tanto um método completo e independente.

Os métodos de conceção moderna e inovadora são uma integração vertical e horizontal em grande escala e o princípio da fragmentação funcional é suscetível de se transformar num princípio de seleção complexa de componentes funcionais autónomos do objeto para a integração horizontal e vertical da disposição.

Uma vez que a invenção pura não existe no processo de inovação moderno, pelo menos um dos elementos de integração deve ser o princípio da viabilidade comercial para a integração horizontal e o princípio da universalidade da aplicação em diferentes categorias tecnológicas, nem sempre logicamente ligadas à primeira vista, para a integração vertical e para ligar as caraterísticas do programa dos subsistemas que entram no sistema ao conceito geral de gestão e controlo.

A teoria e o algoritmo para a resolução de problemas de invenção foram criados numa altura e numa situação em que, pelo menos no sistema económico soviético, não havia produção de componentes estruturais e tecnológicos universais normalizados.

Isto define uma diferença fundamental entre a conceção e a engenharia de máquinas modernas e os métodos e critérios de conceção que existiam na altura da criação da Teoria e Algoritmo da Resolução Inventiva de Problemas.

A recente emergência de todos os tipos de tecnologias inteligentes, produtos inteligentes, indústrias inteligentes e suas variantes criou certas caraterísticas que são geralmente conhecidas e que representam as principais caraterísticas dos objectos inovadores, mesmo antes de estes objectos se tornarem objeto de investigação e desenvolvimento.

Além disso, nas condições actuais, tendo em conta a criação de módulos e dispositivos independentes para controlo sem contacto e medições de velocidade sem contacto com base nos princípios da espetroscopia de ressonância electromagnética, para dividir o objeto em partes independentes, é necessário ter em conta a largura e a profundidade de cobertura dos elementos adjacentes do supersistema que requerem controlo em tempo real pela técnica de espetroscopia.

Analisar a resposta do cérebro à participação intensiva e ativa num sistema de brainstorming destinado a intensificar o processo de desenvolvimento de um projeto inovador complexo e modular nos domínios das tecnologias inteligentes com elementos de inteligência artificial e redes neurais artificiais.

Os especialistas analisam constantemente as reacções do cérebro à participação no brainstorming. Em função da natureza e das especificidades do brainstorming, são identificadas áreas cerebrais que são activadas em função da complexidade e da intensidade da tensão psicológica do processo de brainstorming, quando se experimentam as especificidades das caraterísticas técnicas, as qualificações exigidas aos participantes no brainstorming, bem como várias distracções e até o amor pela natureza e as suas especificidades.

À primeira vista, descobrir como é que o cérebro responde à participação ativa no brainstorming é uma tarefa muito difícil.

Não se pode enfiar um homem numa máquina de TAC depois de ele ter começado a fazer um brainstorming.

Mas, de facto, a tarefa é muito mais simples. Ao recordar acontecimentos reais, o cérebro ativa os mesmos padrões que estavam activos durante a formação real do conceito do projeto, pelo menos com precisão para uma determinada tarefa do projeto de arranque, e é precisamente esta precisão que proporciona à experiência a transformação sistemática da informação e dos requisitos e caraterísticas técnicas, a fim de criar um quadro básico completo do projeto com a introdução de elementos activos de inteligência artificial e redes neurais artificiais na estrutura de gestão e controlo.

Os participantes de um período relativamente longo da formação inicial do conceito inovador de um projeto de arranque ficaram simplesmente perplexos ao recordar o estado em que se encontravam durante o período inicial e a intensificação consistente das etapas subsequentes do brainstorming com correção e aperfeiçoamento constantes da tarefa de analisar a estrutura do brainstorming com a máxima aproximação às estruturas da técnica e da tecnologia do projeto de arranque;

Em rigor, os resultados obtidos nas fases intermédias do brainstorming correlacionam-se precisamente com a análise sequencial do efeito alcançado e não com o desempenho efetivo da caraterística técnica, embora o brainstorming processe estes estados de forma semelhante;

A eficácia do brainstorming manifesta-se de muitas formas: desde o surgimento de uma ideia ou de ideias inter-relacionadas de uma nova invenção até à antecipação de parâmetros de caraterísticas técnicas, cuja utilização cria uma imagem clara do algoritmo e da estrutura das reivindicações em geral e das reivindicações independentes em particular, cuja combinação cria, em condições de não-obviedade completa, uma relação clara entre as reivindicações independentes e as reivindicações dependentes que lhes são atribuídas;

Estas variantes de processamento e análise do estado da estrutura e das soluções esquemáticas de um novo produto inovador permitem criar uma invenção integradora, que tem em conta todas as nuances das caraterísticas técnicas ao incluir na hierarquia de todos os parâmetros inter-relacionados, tanto a parte do hardware como a parte do sistema, em conjunto com as estruturas de software aplicadas e as formas e métodos da sua utilização efectiva;

A Figura 0 - 1 é um exemplo da configuração e das combinações do equipamento de brainstorming nas estruturas de produção do fabrico de trotinetas.

Figura 1, - o resultado do brainstorming - um robô com sistemas de controlo e monitorização aéreos com elementos de inteligência artificial e redes neurais artificiais.

Assim, tornam-se reais, como resultado do brainstorming de invenções com reivindicações, - Aparelho (dispositivo), sistema (supersistema com subsistemas de entrada), programa (há muitas variantes e execuções aqui) e método associado (método);

A formação das chamadas tecnologias inteligentes no processo de brainstorming abre novas possibilidades, em que todos os parâmetros e caraterísticas das suas caraterísticas técnicas podem ser analisados por fases, com controlo total das alterações dos parâmetros em cada fase do brainstorming;

Por exemplo, os colegas diriam a um participante na experiência: "Imagina que estás a ver o teu projeto pela primeira vez. Como é que se sente?" Conseguiste atingir o resultado final ideal quando concretizaste a tua ideia?

Os especialistas descobriram que a atividade cerebral mais elevada ocorre precisamente quando se experimenta a presença ou ausência do efeito de alcançar o resultado final ideal.

"Neste caso, houve uma ativação profunda no sistema de brainstorming e o aparecimento de novos tópicos de brainstorming bastante eficazes;

Os participantes no brainstorming registaram um aumento dramático da atividade cerebral durante o brainstorming associado a salas cujo design pode ser classificado como amante da natureza.

(Ou seja, o "amor pelas bétulas" ou por outra paisagem importante, a julgar pelos resultados da experiência, não é um mito).

Os investigadores descobriram que o amor pela natureza activava o sistema de organização do trabalho do cérebro, mas as áreas relacionadas com o comportamento social e as áreas não relacionadas com projectos não eram activadas.

Com os animais de estimação, a situação é um pouco diferente. "O amor pelos animais de estimação pode desencadear, no brainstorming, uma atividade cerebral adicional relacionada com a socialidade.

Analisar a parte fisiológica do brainstorming pode parecer uma experiência fria e desnecessária, mas os especialistas e os principais funcionários das startups esperam que a sua investigação e experiências possam ser utilizadas para tratar melhor a depressão ou resolver problemas na organização do brainstorming, utilizando 40 métodos e técnicas para alcançar o resultado final ideal, de acordo com a teoria da resolução inventiva de problemas.

Figura 2, - opções e escolhas actuais em matéria de cibersegurança.

2. Princípio de julgamento
- para separar a parte "interferente" (propriedade "interferente") do objeto;
- destacar a única parte (a propriedade correta).

Para resolver problemas deste tipo em condições modernas, é necessário analisar a utilidade e a eficiência das peças e dos componentes, identificar as peças e os componentes que interferem com a implementação do processo de trabalho principal do supersistema em consideração e, no âmbito deste supersistema, a natureza da interação dos subsistemas que entram.

Para tal análise nas condições e tendo em conta as oportunidades que surgem nas condições actuais, é necessário formar um modelo de acções com aplicação de elementos de inteligência artificial e redes neurais artificiais, e também para a realização de todas as operações de controlo e medição é conveniente aplicar princípios e dispositivos com base e de acordo com os princípios da espetroscopia de ressonância electromagnética.

Figura 3, - opções actuais e opções para a implementação de elementos de inteligência artificial e de redes neuronais artificiais no fabrico inteligente.

Para a atribuição dos subsistemas de entrada e do seu grau de utilidade para o ciclo de trabalho dos supersistemas, bem como para a identificação do único subsistema necessário e mais eficaz de todos os subsistemas nas condições actuais, é importante dispor ou criar um programa de simulação com a ajuda do qual seja possível efetuar uma simulação passo a passo do ciclo de trabalho dos subsistemas interligados no supersistema e, na análise do sistema, identificar tanto o subsistema interferente como a única parte necessária - o subsistema;

Depois de efetuar essa análise do sistema, é possível percorrer todo o supersistema através do ciclo de trabalho de uma forma sequencial e classificar toda a hierarquia de subsistemas como satisfazendo as caraterísticas das tecnologias inteligentes;

Outra função da análise é a necessária sistematização das caraterísticas dos subsistemas, para determinar o grau de utilidade e o nível de utilidade para determinar a única parte necessária no equivalente do subsistema e a sua correspondência com os parâmetros e caraterísticas do supersistema.

Figura 4 , - também opções actuais e opções para a implementação de elementos de inteligência artificial e de redes neuronais artificiais no fabrico inteligente.

3. Princípio da qualidade local

• passar de uma estrutura homogénea do objeto (ou ambiente externo, influência externa) para uma estrutura heterogénea;

• as diferentes partes do objeto devem ter (cumprir) funções diferentes;

• cada parte da instalação deve estar nas condições mais favoráveis ao seu funcionamento.

Naturalmente, para o objeto devem ser criadas as condições mais favoráveis para o trabalho, incluindo condições para a reabilitação psicológica da dependência do stress, especialmente no brainstorming nas condições de variantes inovadoras do desenvolvimento de processos.

Naturalmente, diferentes partes ou componentes do objeto devem ter e certamente cumprir diferentes funções, mas alterar o princípio da qualidade local, formando, em vez de uma estrutura homogénea do objeto, um fundo ou composição heterogéneos, dificilmente pode ajudar a formar um objeto ótimo.

A introdução generalizada de elementos de inteligência artificial e de redes neuronais artificiais nos sistemas de gestão e de controlo permite gerir e controlar todos os processos, bem como o cumprimento do princípio da qualidade local.

Além disso, os sistemas baseados na espetroscopia de ressonância electromagnética deverão tornar-se uma ferramenta inteligente para o controlo do desempenho e para a realização dos princípios de qualidade locais.

4. O princípio da assimetria:

- passar de uma forma simétrica de um objeto para uma forma assimétrica;
- se o objeto for assimétrico, aumentar o grau de assimetria.

Nem sempre é possível negligenciar a simetria de um objeto e passar de uma forma simétrica para uma forma assimétrica; todas as técnicas de design, todos os programas de design têm como objetivo maximizar a simetria e não o contrário.

Se houver alguma ou algumas assimetrias num objeto, não é claro como é que uma assimetria aumentada ou mesmo hipertrofiada pode ajudar na otimização do objeto ou na criação de um novo objeto? Como é que este fator pode afetar as propriedades operacionais e de consumo do objeto?

A este respeito, as capacidades da inteligência artificial e das redes neurais artificiais permitem prever os níveis e os raios de assimetria e controlar os processos de influência dos parâmetros de assimetria no desempenho de todo o objeto, - todos os seus supersistemas e subsistemas neles incluídos.

Além disso, a assimetria dinâmica deve ser continuamente monitorizada utilizando técnicas de medição sem contacto em tempo real.

5. Princípio da Unificação:

- para ligar objectos homogéneos ou destinados a operações relacionadas;
- combinar operações homogéneas ou relacionadas ao longo do tempo.

Se uma instalação tiver componentes homogéneos que duplicam as funções uns dos outros, é pouco provável que a sua combinação contribua para melhorar as qualidades e caraterísticas da instalação.

A combinação de operações homogéneas ou relacionadas exige alterações de algoritmos e a reprogramação dos processadores da instalação, o que é praticamente impossível no ambiente atual.

Até certo ponto, o bom trabalho em sistemas de controlo e monitorização de elementos de inteligência artificial e redes neurais artificiais permite definir o carácter necessário e possível do princípio de associação e, além disso, a aplicação de princípios de espetroscopia de ressonância electromagnética como ferramentas de controlo permite aumentar acentuadamente a velocidade e a precisão do controlo que protege contra acidentes.

6.   O princípio da universalidade:

- o objeto desempenha várias funções diferentes, eliminando assim a necessidade de outros objectos.

Nesta situação, a questão da adequação do objeto para cumprir funções inerentes a outros objectos torna-se óbvia e legítima.

Quem precisa dela, quem se daria ao luxo de combinar as funções de outras ferramentas num produto, como uma ferramenta.

Apenas um operador pode utilizar uma ferramenta deste tipo e se, ao mesmo tempo, for necessário utilizar uma nova função incorporada na invenção, é necessário ter outra ferramenta deste tipo, ou seja, comercialmente uma invenção deste tipo não tem qualquer utilidade e não será apoiada pelos investidores.

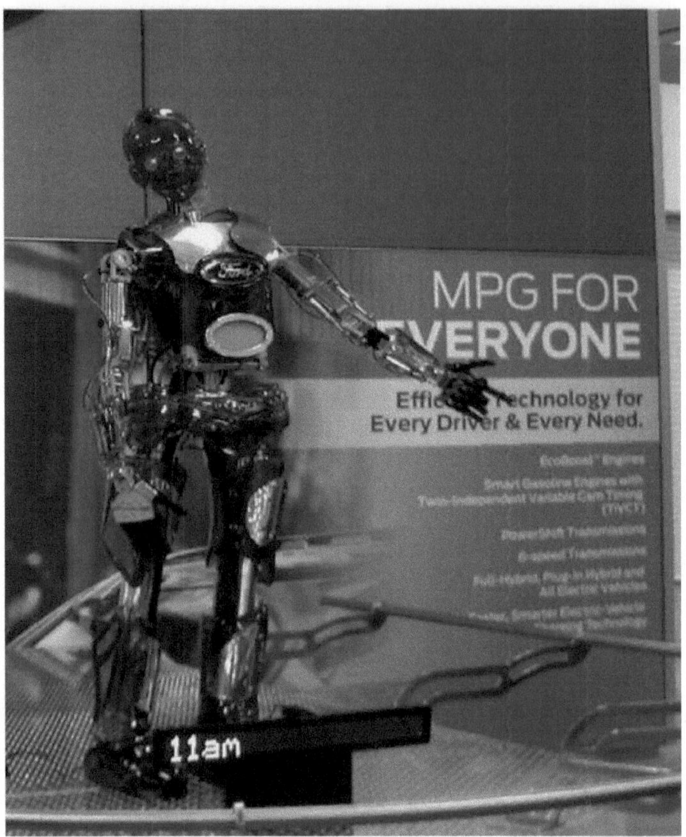

A **figura 5** é um exemplo de um robô utilizado na indústria automóvel, que contém elementos de inteligência artificial e redes neuronais artificiais nos seus sistemas de controlo e monitorização.

Além disso, a utilização de programas e aplicações móveis com parâmetros de controlo e monitorização pré-determinados para cada objeto, este tipo de universalidade introduz a necessidade de coordenação por software das caraterísticas de saída de cada subsistema, mas tudo isto apenas no âmbito do supersistema e dos seus elementos de controlo, análise e gestão.

Para além do que precede, é igualmente necessário voltar à questão da não obviedade da solução técnica de base e à determinação do nível da sua novidade fundamental.

7. Princípio da boneca Matryoshka

• um objeto é colocado dentro de outro, que por sua vez está dentro de um terceiro, e assim por diante;

- um objeto passa através de cavidades de outro objeto.

Se um super-objeto consistir em objectos que entram uns dentro dos outros ou se um objeto passar através de cavidades num outro objeto, então a conclusão sobre a autonomia e independência de cada um dos objectos é inevitável - e então pode presumir-se que cada um dos objectos é tão autónomo e original que é objeto de uma invenção independente, mais uma vez na presença de sinais de não-obviedade autónoma óbvia.

Se esta afirmação for vista em termos da interação do supersistema e dos seus subsistemas constituintes com a sua hierarquia de sistemas de software, este fator reduz significativamente a independência funcional e a autonomia de cada objeto.

Neste caso, as possibilidades de gestão e controlo dependem estreitamente da velocidade dos processadores dos subsistemas e, consequentemente, a penetração dos objectos de entrada - subsistemas nos objectos da cabeça central - supersistemas é significativamente limitada e exige um controlo especial por software de alta velocidade, o que nem sempre é economicamente viável.

É igualmente necessário ter em conta o facto comprovado de que o desempenho real de, por exemplo, sensores que funcionam com base nos princípios da espetroscopia de ressonância electromagnética é uma operação de controlo ou de medição em 10 milissegundos.

É igualmente necessário notar a capacidade de fabrico e a fiabilidade das estruturas com uma estrutura interna equivalente ao princípio da boneca matryoshka.

Ou seja, este princípio permite simplificar consideravelmente tanto a conceção como o funcionamento das unidades e dos mecanismos, mantendo os indicadores de qualidade a todos os níveis.

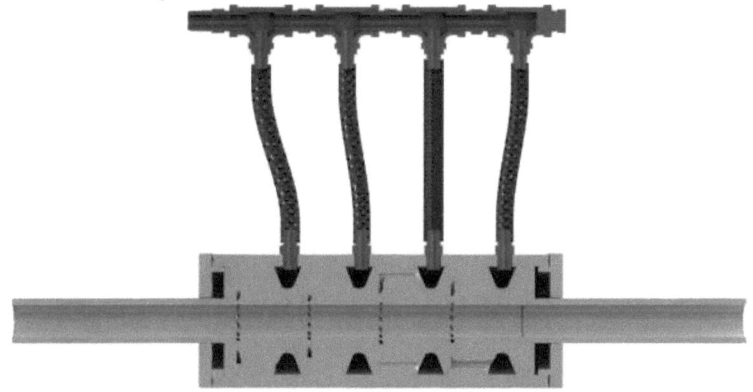

Figura 6, - a figura mostra uma secção transversal de um dispositivo com 4 geradores de vórtice, concebido para formar um tubo de vórtice num fluxo de combustível gasoso.

Todas as estruturas tubulares deste dispositivo são coaxiais e funcionam geralmente segundo o princípio da boneca matryoshka.

Existem muitas variantes desta tecnologia e todas elas são utilizadas em muitos casos, especialmente em sistemas de combustível para combustíveis gasosos.

8. O Princípio Anti-Peso:

• compensar o peso de um objeto acoplando-o a outro objeto que tenha uma força de elevação;

• compensar o peso do objeto através da interação com o meio (devido a forças aerodinâmicas e hidrodinâmicas).

O balanceamento e o equilíbrio são das técnicas mais importantes para calibrar e ajustar objectos inovadores; todas as versões modernas dos programas de desenho por computador fazem-no automaticamente, pelo que não faz sentido ajudá-los manualmente.

A aplicação de tecnologias inteligentes é geralmente realizada no quadro em que todos os subsistemas em interação com o supersistema têm uma variante completa de equilíbrio mútuo, tanto nos sistemas de integração vertical como nos sistemas de integração horizontal, e os sistemas de equilíbrio dos parâmetros de massa e peso devem ter um algoritmo de software de equilíbrio claro, que está sob o controlo de elementos do sistema de inteligência artificial e redes neurais artificiais.

9. Princípio da anti - ação prévia

• atribuir previamente ao objeto tensões opostas às tensões de funcionamento inaceitáveis ou indesejáveis;

• Se, devido às condições da tarefa, for necessário executar uma ação, é necessário executar previamente uma anti-ação.

No processo de conceção moderno, todas as operações preliminares de avaliação e cálculo para otimizar a resistência, a temperatura e outros parâmetros são realizadas através de software de conceção, ou seja, essa otimização é realizada de forma rápida e optimizada pelo computador.

Além de toda a carga sobre os elementos da conceção dos subsistemas na dinâmica da combinação de acções e anti-acções entre os subsistemas do supersistema, nas condições actuais, em regra, o código do programa é claro e inequívoco, com ligação e interação com o processador central do supersistema.

10. Princípio da pré-ação:

• realizar a ação requerida (total ou pelo menos parcialmente) com antecedência;

• organizar os objectos com antecedência para que possam entrar em ação sem demoras de entrega e a partir do local mais conveniente.

Na conceção assistida por computador, em quase todos os programas deste tipo e finalidade, existe a possibilidade de estimular e simular o ciclo de trabalho do objeto, de modo que, em regra, essas operações incluem necessariamente todas as variantes e versões possíveis de acções e funções do objeto.

Além disso, os programas e os algoritmos têm em conta a dinâmica dos processos e das acções e coordenam estes elementos do programa e da dinâmica com o processador central do supersistema.

11. O princípio da almofada pré-almofadada

- compensar a fiabilidade relativamente baixa da instalação com meios de emergência previamente preparados.

Do ponto de vista das relações modernas entre investidores e inventores, é evidente que uma baixa fiabilidade do objeto fechará de forma fiável e firme o caminho para o mercado.

Nenhuma compensação compensa realmente nada, apenas uma conceção fiável e absolutamente funcional determina o verdadeiro sucesso comercial de uma instalação.

Assim, em regra, o software do supersistema tem em conta todas as questões e factores das fontes de redução do nível de fiabilidade e fornece soluções dinâmicas para o reforço do nível de fiabilidade.

Além disso, as actuais oportunidades adicionais para aumentar a fiabilidade dos objectos são também proporcionadas pela utilização de materiais compósitos, cuja resistência e fiabilidade excedem significativamente as capacidades dos materiais tradicionais.

12. Princípio do acoplamento equipotencial

- alterar as condições de trabalho de modo a não ter de levantar ou baixar o objeto.

Se os princípios de funcionamento do objeto prevêem condições de funcionamento estáticas, então não faz sentido elevar ou baixar o mesmo objeto, ou vice-versa. Se o objeto funcionar num modo dinâmico desenvolvido ou local, as alterações das condições de funcionamento do objeto não só não conduzirão à otimização do seu ciclo de funcionamento, como também impossibilitarão, em geral, o funcionamento do objeto.

Regra geral, no atual ambiente de tecnologia inteligente, todos os movimentos de trabalho são estritamente limitados e as velocidades são rigorosamente controladas em linha e em tempo real, utilizando dispositivos de controlo baseados nos princípios da espetroscopia de ressonância electromagnética.

13. Princípio de inversão

- Em vez da ação ditada pelas condições da tarefa, realizar a ação oposta;
- tornar estacionária a parte móvel de um objeto ou ambiente e móvel a parte estacionária;
- virar o objeto de cabeça para baixo, torcê-lo.

Se um objeto tem um algoritmo de base para o seu ciclo de trabalho e o sistema de controlo e monitorização do ciclo de trabalho desse objeto está codificado no processador de software, então a ação inversa requer uma alteração completa do algoritmo e, consequentemente, a reprogramação do processador, o que é praticamente impossível nem por razões financeiras nem nas condições de concorrência feroz nas circunstâncias da globalização.

A este respeito, o processo de conceção e de programação tem em conta a dinâmica das acções e dos movimentos e a sua relação com a dinâmica de todos os subsistemas no âmbito das dimensões e da qualidade das superfícies do supersistema.

Assim, este princípio não pode resolver diretamente os problemas de conceção e deve ser um conjunto de movimentos coordenados que envolvem movimentos sequenciais dos elementos de conceção do subsistema, mantendo o nível necessário de equilíbrio mútuo e as tarefas dinâmicas a realizar pelos elementos do subsistema.

14. Princípio do conceito esferoidal

- passar de partes rectilíneas a partes curvilíneas, de superfícies planas a superfícies esféricas, de partes de cubos e paralelepípedos a estruturas esféricas;
- utilizar rolos, bolas, espirais.
- passar do movimento retilíneo para o movimento de rotação, utilizar a força centrífuga.

Se considerarmos a transição de peças rectilíneas para peças esféricas e curvas do ponto de vista do fabrico, mesmo com a utilização dos mais recentes métodos de maquinagem em centros de maquinagem controlados digitalmente, é evidente para qualquer especialista que estamos a falar de um processo mais dispendioso em termos de ordem de grandeza.

Além disso, a transição do movimento retilíneo para o movimento rotativo conduz a problemas cinemáticos adicionais, o que também deteriora sistematicamente as propriedades de conceção e desempenho do produto

Além disso, problemas semelhantes podem ser resolvidos com êxito atualmente com a utilização de materiais compósitos com uma estrutura de cápsula e que consistem em nanocápsulas esféricas, cada nanocápsula com um núcleo feito de diamante artificial e um invólucro feito de um metal dúctil, mais frequentemente cobre

Estes produtos são fabricados num molde, que utiliza o princípio do fluxo a frio para formar a forma exterior.

15. O princípio do dinamismo

• as caraterísticas do objeto (ou do ambiente externo) devem alterar-se de forma a serem optimizadas em cada fase da operação;

• dividir um objeto em partes que se podem mover umas em relação às outras;

• se um objeto está geralmente parado, torne-o móvel, em movimento.

Os objectos mais bem sucedidos, baseados nos conceitos da tecnologia moderna, são aqueles em que o ciclo de trabalho é efectuado sem partes ou elementos móveis

Naturalmente, qualquer objeto deve ser ótimo em todos os modos de funcionamento; se aplicarmos a técnica de dividir o objeto em partes susceptíveis de se deslocarem umas em relação às outras, é necessário assegurar a otimização de cada uma dessas partes, mantendo a lógica do que foi dito acima.

Para além de que garantir a otimização local é muito dispendioso e nem sempre é possível numa situação destas, a criação de componentes ou partes autónomas óptimas capazes de se moverem umas em relação às outras e independentes umas das outras é a criação de cada parte como uma invenção separada, independente e óptima, o que é contrário aos regulamentos de patentes existentes.

16. Princípio da ação parcial ou redundante

- Se for difícil obter 100% do efeito pretendido, é necessário obter "um pouco menos" ou "um pouco mais" - a tarefa será consideravelmente simplificada.

A questão é: porquê simplificar a tarefa do inventor reduzindo a percentagem do efeito necessário? Como é que os investidores vão reagir a esta redução?

Ao considerar os problemas inventivos modernos, é difícil concordar que alguém saiba exatamente o que é 100% do efeito necessário?

Digamos que simplificamos a solução do problema para o inventor, mas se, em resultado disso, a solução simplificada não satisfizer todos os requisitos do mercado, haverá algum sentido em todas estas simplificações?

Na altura do desenvolvimento da teoria da resolução de problemas inventivos, pelo menos na União Soviética, as questões comerciais eram de importância secundária, o que determinou a atitude em relação à eficácia real das ideias técnicas realizadas ao nível da invenção.

Saber o que pode ser considerado como um efeito que garantirá o sucesso comercial, saber o que pode ser considerado como 100% do efeito requerido, pode por si só garantir o sucesso comercial quando realizado.

17. O princípio da passagem para outra dimensão:

• As dificuldades relacionadas com o movimento (ou colocação) de um objeto ao longo de uma linha são eliminadas se o objeto adquirir a capacidade de se mover em duas dimensões (ou seja, num plano). Do mesmo modo, os problemas associados ao movimento (ou colocação) de objectos num plano são eliminados quando se passa para o espaço em três dimensões;

• utilizar uma disposição das instalações em vários pisos, em vez de uma disposição num único piso;

• inclinar o objeto ou colocá-lo "de lado";

• para utilizar o lado inverso deste quadrado;

• utilizar fluxos ópticos que recaiam numa área vizinha ou no lado inverso de uma área existente.

Este princípio contorna de alguma forma a criação de invenções absolutamente novas, como se dizia antigamente - pioneiras; de acordo com os métodos que implementam a transição para outra dimensão, estabelecidos na teoria da resolução inventiva de problemas, hoje em dia, na melhor das hipóteses, é possível melhorar e otimizar a solução técnica existente;

Em regra, a proteção de tais melhoramentos como objectos de propriedade intelectual é extremamente difícil e é geralmente muito difícil dividir esta solução técnica em caraterísticas relacionadas com o objeto antes do melhoramento e adquiridas pelo objeto no processo e após o melhoramento.

Além disso, a parte do software do produto não deve ser negligenciada, o que é expresso pela introdução nas reivindicações de todas as inter-relações necessárias entre os subsistemas e a cadeia de inter-relações entre os supersistemas, que devem ser expressas nas reivindicações como aparelho, programa, sistema e método associado, bem como as inter-relações de software e algorítmicas entre todos os subsistemas, mas sem contradizer os supersistemas.

18. A utilização de vibrações mecânicas:

*   para pôr o objeto em movimento oscilatório;
*   Se esse movimento já estiver a ocorrer, aumentar a sua frequência (até ultra-sons);
*   utilizar a frequência de ressonância
*   utilizar vibradores piezeléctricos em vez de vibradores mecânicos;
*   utilizam vibrações ultra-sónicas em combinação com campos electromagnéticos.

As soluções técnicas modernas e inovadoras, que constituem a base de muitos produtos inovadores, aplicam circuitos oscilantes mecânicos de sistemas em todo o lado para resolver os problemas técnicos mais complexos, especialmente na metrologia sem contacto.

Como se verificou, a maior eficiência e precisão é demonstrada pelos sensores combinados de ressonância magnética, bem como pelo

motores piezoeléctricos, que nos últimos desenvolvimentos demonstraram uma excelente capacidade para funcionar como motores de passo.

Assim, este método e esta técnica continuam a ser totalmente relevantes hoje em dia e demonstraram também uma excelente adaptabilidade aos mais recentes sistemas de controlo e monitorização de processadores e à aplicabilidade de materiais compósitos.

19. Princípio de funcionamento periódico

*   mudar de funcionamento contínuo para funcionamento periódico (pulsado);
*   se a ação já for executada periodicamente, alterar a frequência;
*   utilizar as pausas entre os impulsos para outra ação.

Uma técnica moderna é a aplicação da tecnologia de impulsos para resolver problemas muito importantes, especialmente em sistemas de controlo de laser e controladores de RF.

A técnica de utilização da pausa entre impulsos é também amplamente utilizada em diferentes variações, pelo que esta técnica continua a ser válida para as soluções técnicas mais importantes e horizontalmente integradas.

20. O princípio da continuidade da utilidade

*   funcionar continuamente (todas as partes da instalação devem estar sempre a funcionar a plena carga);
*   funcionar continuamente (todas as partes da instalação devem funcionar sempre a plena carga e com dinâmica controlada);

Para compreender plenamente a importância desta técnica, é necessário ter em conta as subtilezas do processo de controlo dos processadores modernos, em que a pausa no ciclo de trabalho de qualquer complexo é também um objeto de controlo.

Ou seja, a continuidade do trabalho inclui todas as partes do ciclo de trabalho, incluindo as pausas.

Esta técnica explica a necessidade e a viabilidade de incluir um algoritmo como parte de uma invenção moderna.

Além disso, a mudança de direção das acções e dos movimentos, bem como a alteração da dinâmica das pulsações, requerem a mudança de direção do movimento dos elementos e instrumentos de controlo, dos quais os mais eficazes se revelaram instrumentos de ressonância electromagnética sem contacto, que possuem, no caso da utilização de uma bobina plana, uma velocidade extremamente elevada.

Além disso, a utilização de uma bobina plana multicamada permite aumentar drasticamente a precisão e a profundidade de penetração do impulso do sinal e reduzir drasticamente a dependência da precisão da medição do ruído eletrónico.

20. O princípio da derrapagem

- Conduzir o processo ou etapas individuais (por exemplo, nocivas ou perigosas) a alta velocidade.

Esta técnica é uma parte básica das invenções integrativas modernas, nas quais a estrutura de novidade e operacionalidade se baseia num programa, num algoritmo e num método que implementa a sua combinação integrada.

21. O princípio de "transformar o mal em bem"

• utilizar factores nocivos (em particular, os riscos ambientais) para produzir efeitos positivos;

• eliminar o fator nocivo, combinando-o com outros factores nocivos;

• amplificam o fator nocivo até ao ponto em que este deixa de ser nocivo.

Esta técnica parece-me ser a mais importante para compreender a invenção moderna, que pode ser o fundamento básico de um produto comercialmente bem sucedido.

Por exemplo, a degradação acelerada do elétrodo num reator eletroquímico, que é catastrófica em termos de contaminação do eletrólito no processo galvânico, é um fator de sucesso e de melhoria significativa do desempenho do processo de eletrocoagulação utilizado nos sistemas de tratamento e regeneração de águas residuais industriais.

A aplicação e combinação de todos os componentes deste princípio permite formar novos produtos e princípios tecnológicos, especialmente na eletroquímica e na produção sem resíduos em qualquer ramo da indústria e da agricultura.

23. Princípio do feedback

* dar feedback

* se houver reacções, altere-as.

Os princípios de feedback são aplicados hoje em dia em quase todos os produtos controlados por processador, mas todos os componentes de feedback são componentes familiares do produto e, para o inventor e, em geral, para qualquer projetista, a aplicação de sistemas de feedback reduz-se a uma simples seleção de componentes.

24. Princípio da intermediação

* Utilizar um objeto intermédio que transporta ou transfere a ação;

* fixar temporariamente outro objeto (facilmente removível) ao objeto.

O princípio da testemunha intermédia ou tecnológica continua a ser muito utilizado atualmente, mas a sua aplicação não tem qualquer efeito sobre os resultados comerciais de um produto fabricado com esta técnica.

Tudo isto pode ser atribuído às peculiaridades do processo, e o registo de patentes do processo sem a sua ligação ao produto quase nunca é praticado hoje em dia - todos estão interessados no produto em si, e a forma como foi produzido com ou sem a utilização do princípio do intermediário é pouco preocupante.

25. Princípio do self-service

* a instalação deve ser autossustentável com operações auxiliares e de reparação;

* utilização de resíduos (energia, substâncias)

Este princípio é atualmente a mais importante das 40 técnicas herdadas da teoria clássica da resolução inventiva de problemas.

Pode dizer-se que esta técnica consiste em duas técnicas importantes - a formação de uma produção sem resíduos e de produtos inovadores autónomos e auto-suficientes.

A produção sem resíduos é uma questão especial e o seu âmbito exige um estudo e uma descrição especiais, mas fundamentalmente a aplicação de métodos algorítmicos em que os resíduos são uma parte ou um componente do combustível inicial, por exemplo, é como se diz a maior pilotagem do processo de inovação.

Basta dar apenas um exemplo: a condensação da água dos gases de escape e a utilização desta água no processo de formação de emulsões de combustível.

26. Princípio da cópia:

* Utilizar cópias simplificadas e mais baratas de um objeto inacessível, complexo, dispendioso, inconveniente ou frágil em vez de um objeto

inacessível, complexo, dispendioso, inconveniente ou frágil;

• substituir um objeto ou um sistema de objectos pelas suas cópias ópticas (imagens). Utilizar, neste caso, a alteração de escala (aumentar ou diminuir as cópias);

• se forem utilizadas cópias ópticas visíveis, mudar para cópias de infravermelhos e ultravioletas

Hoje em dia, tais recomendações, do ponto de vista técnico, parecem óbvias e completamente estúpidas, mas mesmo que consideremos tudo isto do ponto de vista do direito das patentes, a cópia num cenário destes nunca levará à criação de uma solução técnica original com novidade mundial.

27. Não durabilidade barata em vez de durabilidade cara

- substituir um objeto caro por um conjunto de objectos baratos, sacrificando algumas qualidades (por exemplo, a durabilidade).

Esta técnica só se justifica se se tratar de um produto de utilização única.

Qualquer barateamento do produto, realizado em detrimento da qualidade, não pode ser compreendido pelo mercado e, por conseguinte, não pode ser aceite, ou seja, a consequência da utilização de tal técnica pode ser um fracasso comercial total.

28. Substituição do sistema mecânico

• substituir os circuitos mecânicos por circuitos ópticos, acústicos ou "olfactivos";

• utilizar campos eléctricos, magnéticos e electromagnéticos para interagir com um objeto;

• passar de campos fixos a campos móveis, de campos fixos a campos variáveis no tempo, de campos não estruturados a campos estruturados;

• utilizar campos em combinação com partículas ferromagnéticas.

Todos sabem que os objectos mais fiáveis são aqueles que não têm partes móveis.

Por conseguinte, qualquer equivalente técnico das partes móveis de um produto que possa substituir totalmente as partes móveis por partes fixas ou que opere com base num princípio que desempenhe as mesmas funções que as partes móveis pode ajudar a criar um objeto inovador no qual, devido à ausência de partes móveis, a fiabilidade, a durabilidade e o desempenho atinjam um nível que garanta o sucesso competitivo e comercial do produto.

29. Utilização de estruturas pneumáticas e hidráulicas

• utilizar partes gasosas e líquidas em vez de partes sólidas do objeto;

• utilizar campos eléctricos, magnéticos e electromagnéticos para interagir com um objeto: insuflável e hidroenchido, almofada de ar, hidrostático e hidro-reativo.

A execução desta técnica é extremamente difícil do ponto de vista técnico; para a comercialização desta solução técnica é muito difícil encontrar argumentos para o investidor e explicar que, por exemplo, numa conceção tradicionalmente aceite e compreensível de um qualquer produto, é necessário aplicar uma solução exótica ou soluções associadas a uma substituição comercialmente nem sempre razoável dos princípios básicos do produto.

Esta substituição está sempre associada a um aumento significativo do custo do produto, o que constitui um argumento sempre contrário a estas alterações. A análise das formulações do princípio com vista à sua aplicação no desenvolvimento e conceção de novos programas de conceção, de novos computadores de alta velocidade de tipo tradicional e uma perspetiva de futuro com a possibilidade de aplicação de computadores quânticos e das suas modificações especiais de conceção.

Figura 7, - a figura mostra a interpretação atual da aplicação da alimentação e do controlo do composto de gás à câmara de combustão de uma caldeira industrial com controlo independente de cada ramo da tubagem de alimentação.

Figura 7 - 1 , - a figura mostra um sistema de abastecimento de gás composto utilizando um recetor intermédio; a mesma configuração pode ser utilizada para a versão hidráulica do abastecimento de gasóleo e da dissolução de gás natural.

A mesma configuração pode também ser utilizada para formar um composto de combustível constituído por gasóleo e ar comprimido ou um equivalente oxidante.

30. Utilização de conchas flexíveis e películas finas
• utilizar conchas flexíveis e películas finas em vez de estruturas convencionais;
• isolar o objeto do ambiente externo, utilizando conchas flexíveis e películas finas.

É útil dividir esta técnica em componentes micro e macro.

Esta técnica é também um elemento importante para, por exemplo, as tecnologias à nanoescala.

Se uma emulsão for formada, por exemplo, a partir de gasóleo e água, a única garantia de sucesso dessa emulsão de combustível é a sua estrutura, na qual microgotas de água estão rodeadas por uma fina película de gasóleo.

Após a injeção de tal emulsão na câmara de combustão, a água, que se evapora antes do gasóleo, decompõe as cascas de gasóleo em partículas nanométricas durante a evaporação, o que é muito mais eficaz para um processo de combustão ótimo do que, por exemplo, um aumento acentuado da pressão de injeção, que implica a necessidade de reforçar os elementos estruturais do grupo de pistões cilíndricos do motor.

A mesma técnica pode servir de base a invenções em que, por exemplo, a placa eletrónica é coberta com uma película ultrafina de diamante sintético em locais destinados a uma intensa troca de calor.

31. Aplicação de materiais porosos

• tornar o objeto poroso ou utilizar elementos porosos adicionais (inserções, revestimentos, etc.);

• se o objeto já for poroso, preencher previamente os poros com alguma substância.

Para começar, o método técnico e tecnológico de utilização de estruturas porosas de um objeto inovador é amplamente utilizado para conferir ao objeto as propriedades necessárias.

Muitas vezes, nos desenvolvimentos modernos, é necessário formar materiais pseudo-porosos que, após obterem as propriedades da pseudo-porosidade, adquirem as qualidades de um material compósito.

Um material poroso não tem de ser sempre duro.

Também pode ser líquido, por exemplo, como uma emulsão, como água para óleo.

Numa emulsão deste tipo, as gotículas de água são introduzidas em rupturas gravitacionais no fluxo de óleo ou, por exemplo, de gasóleo, ou seja, as cavidades ou poros são preenchidos com uma substância - a água.

Estes materiais são conhecidos e muito utilizados sob a forma de um tecido de viscose revestido de carbono no vácuo; este tecido é um

é um bom condutor de eletricidade e pode suportar temperaturas de funcionamento de 4000 graus centígrados.

32. Princípio da mudança de cor

• alterar a coloração de um objeto ou do ambiente externo;

• alterar o grau de transparência de um objeto ou do ambiente externo.

Se alargarmos a aplicação desta técnica à ótica e à memória ótica, será possível encontrar uma explicação para a sua aplicação.

Nos termos do direito de patentes americano, por exemplo, a utilização desta técnica é, em princípio, contrária ao princípio da não obviedade da solução técnica subjacente à invenção.

Esta afirmação pode ser aceitável até aos momentos relacionados com as instalações e o equipamento para o arranque e para a compensação ou reabilitação atempada de desvios no clima psicológico, especialmente no brainstorming.

33. Princípio da homogeneidade

- os objectos que interagem com este objeto devem ser feitos do mesmo material (ou próximo dele em termos de propriedades).

Esta regra ou técnica é bastante controversa e não é fácil de seguir na conceção de um projeto.

Para além disso, nem sempre é claro - o que é que o design como um todo ganha ao seguir cegamente esta regra?

34. Princípio do descarte e da regeneração de peças

• A parte do objeto que cumpriu a sua função ou que se tornou desnecessária deve ser eliminada (dissolvida, vaporizada, etc.) ou modificada diretamente no decurso do trabalho;

• as partes consumíveis da instalação devem ser recuperadas diretamente da obra.

Esta técnica pode ser referida como o meio de formação de uma produção sem resíduos.

A segurança ambiental é atualmente um aspeto extremamente importante de qualquer processo de produção e a técnica acima referida não contradiz, pelo menos, a lógica geral da construção deste processo de produção.

No entanto, este princípio não é ideal para todos os projectos e muitos processos, especialmente na produção de, por exemplo, materiais especialmente puros a partir de ovos de galinha (especialmente óleo de ovo puro; alfa lecitina; lisozima; albumina; multivitaminas) requerem condições de produção absolutamente específicas.

35. Alteração dos parâmetros físico-químicos do objeto

• alterar o estado agregado do objeto

• alterar a concentração ou a consistência

• alterar o grau de flexibilidade

• alterar a temperatura

Esta técnica é amplamente utilizada e a sua área de utilização está constantemente a ganhar novos segmentos

36. Aplicação de transições de fase

- Utilizar fenómenos resultantes de transições de fase, por exemplo, mudança de volume, libertação ou absorção de calor, etc.

Nos sistemas industriais modernos, especialmente nos sistemas termo-dinâmicos, as transições de fase são uma parte integrante da hierarquia tecnológica.

Por exemplo, a pré-mistura de combustível com ar, através da qual o volume de injeção é significativamente aumentado e, ao mesmo tempo, a temperatura da fase gasosa da mistura de combustível é reduzida durante a injeção e a expansão.

Além disso, pode ser dado um exemplo da produção dos chamados combustíveis energéticos, nos quais os gases combustíveis são dissolvidos em combustíveis líquidos em fluxos aerodinâmicos e hidrodinâmicos desenvolvidos.

37. Aplicação da expansão térmica:

- utilizar a expansão (ou contração) térmica dos materiais;
- utilizar vários materiais com diferentes coeficientes de expansão térmica.

Esta técnica é a mais aplicável na tecnologia de medição moderna e é bastante relevante

A análise das formulações do princípio com vista à sua aplicação no desenvolvimento e conceção de novos programas de conceção, de novos computadores de alta velocidade de tipo tradicional e uma perspetiva de futuro com a possibilidade de aplicação de computadores quânticos e das suas modificações especiais de conceção.

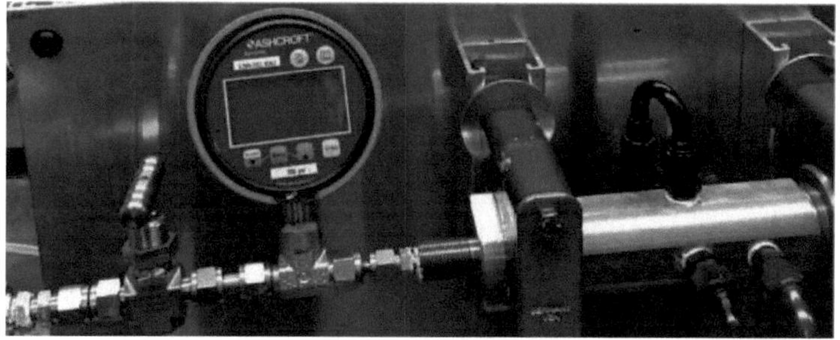

Figura 8, - a figura mostra o princípio de instalação do dispositivo, que permite compensar e neutralizar os fenómenos de expansão térmica dos materiais estruturais das partes do dispositivo que formam as secções transversais dos canais de trabalho.

Este fator é particularmente importante se a estrutura interna do objeto contiver, por exemplo, canais de trabalho com secções transversais micrónicas.

Ao alterar a temperatura de funcionamento no corpo de um objeto com canais microscópicos, uma alteração de temperatura de apenas alguns graus pode levar ao bloqueio dos canais devido à expansão térmica dos materiais.

Figura 8 -1, - a figura mostra o sistema de preparação da mistura de combustível com um bloco de compensação que compensa a expansão térmica e as alterações da área da secção transversal dos canais de trabalho do dispositivo.

38. A utilização de agentes oxidantes fortes:
- substituir o ar normal por ar enriquecido
- substituir o ar enriquecido por oxigénio
- ozonizar o oxigénio
- substituir o oxigénio ozonizado (ou oxigénio ionizado) por ozono.

Esta técnica também continua a ser relevante e é amplamente utilizada em vários domínios da engenharia e da tecnologia.

39. Aplicação de meio inerte:
- substituir o meio normal por um meio inerte
- vácuo

Esta técnica é hoje extremamente relevante para as indústrias de semicondutores e microeletrónica.

Para obter melhores resultados na micro-miniaturização, todos os processos são efectuados em salas limpas, em ambiente inerte ou em vácuo.

Ou seja, para qualquer invenção nestes domínios avançados, um ambiente inerte ou câmaras de vácuo são um antecedente obrigatório que proporciona o nível de qualidade exigido.

40. Aplicações de materiais compósitos:

- passar de materiais homogéneos a materiais compósitos.

Como é sabido, a substituição de um material por outro não é reconhecida como uma invenção; o material compósito em si é o sujeito ou objeto da invenção original, mas muitas vezes quando um material de construção convencional é alterado para um compósito, as propriedades e capacidades do produto são de tal forma alteradas que o produto em que os compósitos são utilizados se torna completamente novo, desconhecido antes, com funções completamente novas e caraterísticas técnicas invulgares.

É claro que, para fazer essa substituição, é necessário realizar um volume de trabalho comparável ao desenvolvimento de uma tecnologia fundamentalmente nova ou de um produto fundamentalmente novo, e isso só é possível para empresas com departamentos de investigação poderosos.

A integração de diferentes direcções tecnológicas em qualquer projeto moderno e inovador requer, muitas vezes, a utilização de materiais compósitos com propriedades absolutamente novas e, muitas vezes, com uma qualidade absolutamente invulgar, de modo a obter um resultado final ideal.

Estes novos materiais compósitos podem pertencer a níveis de integração secundários, por exemplo, se for inventado um novo tipo de motor de combustão interna, pode ser utilizado um combustível compósito sob a forma de uma mistura constituída, por exemplo, por gasolina e etanol ou uma emulsão constituída, por exemplo, por gasóleo e água, na mesma conceção de motor, em vez dos combustíveis tradicionalmente aceites, a fim de obter um resultado final ideal, por exemplo, no domínio da redução da concentração de fuligem nos gases de escape.

CAPÍTULO 2

Lei da integralidade das partes do sistema

Uma condição prévia para a viabilidade fundamental de um sistema técnico é a presença e a operacionalidade mínima das principais partes do sistema.

Lei da condutividade energética do sistema

Um pré-requisito para a viabilidade fundamental de um sistema técnico é a passagem de energia através de todas as partes do sistema.

A lei da harmonização do ritmo das partes do sistema

Uma condição necessária para a viabilidade fundamental de um sistema técnico é a coordenação dos ritmos (frequência das oscilações, periodicidade) de todas as partes do sistema.

A lei do aumento do grau de idealidade de um sistema

O desenvolvimento de todos os sistemas vai na direção de graus crescentes de idealidade.

Lei do desenvolvimento desigual de partes do sistema

O desenvolvimento das partes do sistema é desigual. Quanto mais complexo é o sistema, mais desiguais são os processos de desenvolvimento das suas partes.

Lei de transição para o supersistema

Depois de esgotadas as possibilidades de desenvolvimento, o sistema é incluído no supersistema como uma das suas partes. Neste caso, o desenvolvimento posterior tem lugar ao nível do supersistema.

A lei de transição do nível macro para o nível micro

O desenvolvimento dos órgãos de trabalho do sistema processa-se primeiro a nível macro e depois a nível micro.

A lei do aumento do grau de ligação ao campo real

O desenvolvimento dos sistemas técnicos vai no sentido de aumentar o número de ligações substância-campo.

Na TRIZ, foi feita uma tentativa de formular leis de desenvolvimento de sistemas técnicos, que deveriam ter formado a base da TRIZ e a metodologia geral de resolução de problemas. No entanto, a maioria das leis formuladas não são leis. Pelo contrário, deveriam ser chamadas de leis do desenvolvimento técnico, que estão longe de ser completas. Por esta razão, nunca surgiu uma metodologia coerente de resolução de problemas baseada nas leis do desenvolvimento. E as leis formuladas foram utilizadas principalmente como justificações metodológicas para os exemplos dados de invenções. Os factores de conveniência comercial foram completamente excluídos e a sua influência nos métodos de utilização das leis de desenvolvimento de sistemas técnicos em constante modificação para a modernização, otimização e modificação do objeto, que pode transformar evolutivamente a invenção num produto inovador exigido, não foi tida em conta.

Os recentes litígios em matéria de patentes entre as maiores empresas tecnológicas do mundo mostram e provam que as leis do desenvolvimento de sistemas técnicos formuladas na TRIZ não podem refletir toda a variedade de tarefas, funções e caraterísticas de um objeto multifuncional moderno e, tendo em conta todos os factores novos e emergentes que caracterizam um objeto inovador, é necessário redefinir essas leis, ligando-as às leis do desenvolvimento de estruturas comerciais e da comercialização de ideias inovadoras.

A abordagem dialética (análise da contradição) incorporada na principal ferramenta de resolução de problemas, que era o ARIZ, foi distorcida pela introdução de novos conceitos (contradição técnica e física). Estes novos conceitos distorceram a essência da contradição dialética formulada na lógica dialética, o que levou a dificuldades na identificação da contradição quando se tentava resolver problemas reais de invenção utilizando o ARIZ. Devemos centrar-nos nesta questão separadamente - o que pode ser considerado um verdadeiro problema inventivo? Como é que uma formulação correta ou errada de um problema inventivo pode afetar a comercialização da invenção resultante? É possível proteger a solução técnica resultante da cópia não autorizada? A procura de respostas para todas estas e muitas outras questões está agora a tornar-se uma parte importante da dialética da criação de uma estratégia para patentear e licenciar invenções.

O aperfeiçoamento do ARIZ (criação de novas modificações do ARIZ-77 ao ARIZ-85B) seguiu o caminho de complicar o algoritmo em vez de eliminar as imprecisões nos procedimentos de deteção de contradições. Como resultado, a última modificação oficial do algoritmo ARIZ-85B transformou-se numa conceção extremamente pesada e pouco utilizável.

1. A TRIZ nunca encontrou mecanismos claros de transição de uma contradição formulada para a sua resolução prática. Este facto criou sérias dificuldades na resolução de problemas do mundo real com a ajuda da TRIZ.

2. A TRIZ declarou a rejeição da metodologia de ativação da procura de variantes, mas a maior parte das chamadas ferramentas TRIZ representavam exatamente esses métodos (o método dos homenzinhos, o operador RBC, a análise do campo real).

3. A análise de campo substancial foi apresentada na TRIZ como uma abordagem científica baseada na análise das regularidades do desenvolvimento estrutural de objectos técnicos. No entanto, o pressuposto da utilização de campos físicos inexistentes em campos reais, bem como a possibilidade de interpretação ambígua das construções de campos reais e das regras da sua transformação, permitem-nos antes remeter a análise de campos reais para os métodos de ativação da procura de variantes, mas não para a análise científica.

4. O mais próximo da ideia de formalização do procedimento de resolução de problemas inventivos foi a criação, na TRIZ, de tabelas e técnicas para a resolução de contradições técnicas. Esta abordagem baseava-se na análise estatística das descrições de invenções então existentes. No entanto, apesar das perspectivas existentes, não foi mais desenvolvida na TRIZ e, devido a uma série de deficiências e à obsolescência das conclusões estatísticas, perdeu a sua relevância para a utilização prática.

5. Existe uma ilusão generalizada sobre a possibilidade de aplicação da TRIZ na produção real. Na sua essência, a TRIZ é um método individual de resolução de problemas, cuja aplicação é uma escolha pessoal de uma pessoa. Por este motivo, é impossível integrar a TRIZ num determinado processo de produção. Na melhor das hipóteses, uma empresa pode organizar uma formação em TRIZ para os seus empregados, de modo a aumentar a sua criatividade.

Todos os inventores sabem que, por vezes, são criadas soluções técnicas que, em condições reais, actuam, funcionam e resolvem muitos problemas, o que, já no início, levou o inventor a uma análise inovadora e deu início à sua atividade criativa intencional, e que existem soluções técnicas pouco promissoras, que são criadas isoladamente da realidade real e não resolvem absolutamente nada, exceto a concretização de pretensões ambiciosas a qualquer coisa (na maioria das vezes inútil) - mas uma ideia no domínio da engenharia e da tecnologia;

Além disso, as soluções técnicas que surgem em qualquer área local afectam necessariamente, direta ou indiretamente, os estereótipos existentes e as barreiras psicológicas que surgem na sua base, impedindo a superação das contradições técnico-tecnológicas que surgem na base e no desenvolvimento dessas barreiras psicológicas.

Há vinte anos, a necessidade de invenções do segundo grupo e a necessidade, igualmente importante, de ter em conta a influência das barreiras psicológicas era de certa forma justificada pelo seu papel auxiliar como base para a seleção selectiva das soluções técnicas mais eficazes.

O aparecimento das tecnologias da informação e a redução acentuada do ciclo de tempo para o desenvolvimento e transformação de uma ideia inventiva num produto efetivamente necessário, procurado pelo mercado e realizável, a complexidade crescente das componentes técnicas e tecnológicas dos novos produtos, provocando um aumento proporcional do custo de fabrico de protótipos do produto inventado e dos seus testes, levam-nos a considerar a possibilidade de criar soluções técnicas com funções inovadoras auxiliares de uma forma completamente nova.

Ora, se um inventor quiser que as suas ideias inovadoras sejam utilizadas, deve ser mais universal e possuir não só previsão, intuição e, em certa medida, imaginação desenvolvida, mas também ser um especialista praticamente universal, pelo menos sentindo e (melhor se) compreendendo bem as exigências comerciais e de consumo do mercado, independentemente dos estereótipos e das barreiras psicológicas que lhes estão associadas.

Existem várias direcções básicas que, nas condições actuais, têm uma influência decisiva no destino das novas ideias e, tendo em conta as mesmas, podem permitir assegurar um nível real e elevado de sucesso comercial ou, negligenciando-as, fecharão para sempre o caminho para a concretização da ideia sob qualquer forma comercial.

Proponho-me rever algumas destas direcções básicas (claro que o âmbito do artigo só permite fazê-lo sob a forma de tese). :

Disponibilidade de materiais fundamentalmente novos

Consideremos, por exemplo, duas novas direcções tecnológicas, - a criação de fontes de luz eficazes com base na radiação de lasers azuis (díodos laser) e a criação de produtos alimentares compostos com base em sistemas eficazes de mistura e ativação hidrodinâmica.

Ambas as direcções tecnológicas de desenvolvimento mencionadas requerem materiais estruturais que, devido às suas propriedades, permitam obter parâmetros em cada direção, impossíveis de obter utilizando materiais convencionais

A viabilidade de novos materiais não é absoluta e é necessária uma solução de composição primária para permitir a sua aplicação.

Por exemplo, os lasers requerem um dissipador de calor altamente eficiente e um sistema de dissipação de impulsos de corrente e, para a sua implementação, é necessário efetuar alterações no design do invólucro do laser que tornem possível a utilização de um material compósito de diamante-cobre, que, pelos seus parâmetros e propriedades, é capaz de desempenhar estas funções

Mas acontece que a substituição do material não resolve todos os problemas complexos que os criadores de novos lasers enfrentam; qual é a solução?, - a solução pode ser um esquema de composição, quando, por exemplo, além do material no sistema de composição técnica é introduzido um driver de radiofrequência, que, em combinação com um novo material que desempenha as funções de resfriamento e dissipação de calor excessivo e pulsações de corrente, permite que o laser forneça um modo de bombeamento, que por sua vez permite que um laser com uma potência de 1 watt introduza uma corrente de bombeamento no, digamos

Disponibilidade de materiais compósitos

As informações sobre os desenvolvimentos científicos e tecnológicos no domínio dos compósitos são aguardadas com grande expetativa no mercado e estão constantemente a surgir novos materiais compósitos, cuja disponibilidade permite ajustar a conceção de novos produtos e o processo tecnológico do seu fabrico.

Para relacionar estes novos desenvolvimentos com a vasta experiência científica, técnica e tecnológica adquirida nas empresas de investigação e desenvolvimento, consideramos, a título de exemplo, a técnica de criação de compósitos à nanoescala, cujo principal componente é o pó de diamante sintético à nanoescala, cuja tecnologia de produção nasceu nas paredes do Instituto Ucraniano de Materiais Superduros.

Uma novidade significativa acrescentada à tecnologia acima referida é a técnica de nanorrevestimentos de alta velocidade à escala nanométrica em pós de diamante à escala nanométrica, que são feitos dos metais mais dúcteis, como o cobre, a prata, o ouro, a platina, e com a introdução adicional destes componentes numa composição tecnológica complexa, com a introdução no processo de funcionamento da iniciação das propriedades de fluxo a frio e subsequente calibração plástica sob pressão ultraelevada das cápsulas à escala nanométrica assim obtidas; Assim, vemos nesta solução composta uma integração consistente, orientada horizontalmente, da técnica de revestimentos de precisão à nanoescala e da técnica de iniciação do fluxo a frio no material revestido com os mesmos revestimentos.

Assim, nesta publicação, o objetivo é mostrar que o nível disponível de investigação e desenvolvimento no domínio da ciência dos materiais compósitos permite, com a formulação correta do problema para os criadores de um componente da composição e, com uma cooperação aprofundada com os criadores de tecnologias semelhantes, cujo produto é outro componente da composição, criar tecnologias e materiais reais com procura no mercado.

Atualmente, é possível seguir a evolução do processo de composição de tecnologias e materiais:

Desde a criação de dispositivos semicondutores complexos, integrados e ricos em energia, especialmente lasers semicondutores (díodos laser), surgiu o problema da dissipação eficiente do calor, da dissipação do calor, da dissipação dos impulsos de corrente e das flutuações.

A razão para este problema foi a falta de materiais estruturais, ligas e todos os tipos de combinações e combinações de materiais, a capacidade de cumprir estas funções de forma fiável e sustentável.

Todos os materiais e seus derivados, num grau ou noutro, não satisfaziam os criadores e operadores, e só com o advento da possibilidade de criar soluções técnicas compostas complexas é que os problemas deste nível podem ser resolvidos.

Novas direcções na tecnologia dos elementos de fabrico

Nas soluções técnicas compostas, os métodos e tecnologias de fabrico de peças e componentes do produto são o fator mais importante que determina a realidade da implementação deste produto.

Como exemplo, considere-se o injetor ou injetor de combustível de um motor de combustão interna; é um dos produtos mais produzidos em massa, com mais de mil milhões de injectores produzidos anualmente em todo o mundo.

Para um produto deste tipo, o seu valor para o consumidor é determinado por vários factores-chave, - o diâmetro dos orifícios de saída e a garantia de estanquidade a altas pressões de combustível (até 2000 atmosferas); a execução de orifícios utilizando tecnologia convencional determina os limites do diâmetro mínimo dos orifícios, e uma vez que a altas pressões são necessários orifícios cujo diâmetro é medido em microns, a tecnologia de execução destes orifícios deve ser, por exemplo, a laser; neste caso, o inventor de um novo injetor deve prever um componente composto, mas não é necessário prever o diâmetro mínimo dos orifícios.

Novas normas de consumo

As condições e exigências dos consumidores, em constante mudança, criam, em combinação com as normas de consumo locais, tradições culturais e nacionais, com base nas quais surgem normas de consumo locais, normas de consumo condicionais informais mas tacitamente presentes.

Se o objetivo do inventor é garantir o sucesso comercial da sua invenção, então uma compreensão básica dos critérios padrão do consumidor atual e das caraterísticas técnicas, operacionais e funcionais do novo produto deve ser uma parte essencial da sua estratégia comercial.

Se o risco tecnológico for eliminado porque o novo produto foi testado e teve resultados positivos, o risco de fracasso comercial deste produto tecnologicamente bem sucedido mantém-se se os inventores e os seus parceiros de comercialização não tiverem considerado ou compreendido a natureza do padrão de consumo do seu produto.

Novas normas ambientais

É sabido que os requisitos restritivos das normas ambientais estão a tornar-se cada vez mais rigorosos. Quando se trabalha na invenção de um novo produto, cuja utilização afecta de alguma forma os limites dos parâmetros admissíveis regulados pelas normas de proteção ambiental, é necessário prever o cumprimento integral dos requisitos e restrições das normas aplicáveis na utilização do novo produto.

Regra geral, as normas actuais estão constantemente a ser melhoradas e os requisitos que estão em vigor este ano serão normalmente reforçados dentro de alguns anos.

Isto é especialmente importante para vários equipamentos eléctricos e motores de combustão interna.

Há casos em que foi inventado um motor de combustão interna com uma disposição inovadora dos cilindros e um sistema de poupança de combustível extremamente eficiente, mas o nível de óxidos de azoto e a concentração de fuligem nos gases de escape excederam os níveis permitidos de acordo com a futura norma, que entrará em vigor dentro de dois anos.

Foi o suficiente para enviar o mais recente motor para um novo desenvolvimento, durante o qual a sua solução técnica foi alterada para o nível de motor composto com a inclusão de um sistema inovador de preparação e ativação de combustível integrado nas soluções técnicas anteriores, o que permitiu reduzir a concentração de substâncias nocivas nos gases de escape.

A influência da moda

Mesmo para os produtos de alta tecnologia existe a moda, como uma espécie de estereótipo complexo integral desenvolvido pelo tempo e pela prática, combinando factores comerciais e operacionais objectivos e subjectivos.

A subjetividade deste conceito nem sempre é explicável por métodos de lógica direta, mas deve ser tida em conta pelo inventor tanto no desenvolvimento de um novo produto como na preparação da sua apresentação a potenciais parceiros e consumidores.

Muitas vezes, um produto inovador contém elementos, factores ou caraterísticas que os futuros consumidores esperam e que os impressionam favoravelmente, mas os autores concentram-se em aspectos puramente técnicos e oferecem-lhes algo diferente daquilo que eles querem ouvir e ver.

Disponibilidade e desenvolvimento intensivo e contínuo de produtos de software

A significativa complicação da tecnologia e, especialmente, dos vários tipos de dispositivos electrónicos e microelectrónicos alterou fundamentalmente os princípios da sua proteção enquanto objectos de propriedade intelectual complexa, multidimensional e multifuncional.

Para estes objectos, as diferenças essenciais relativas a caraterísticas puramente construtivas, soluções de circuitos, combinações destas soluções não determinam todos os aspectos da invenção, porque hoje em dia, muitas vezes, todas as caraterísticas e diferenças enumeradas só podem ser realizadas num sistema de trabalho ou protótipo em determinadas condições e possibilidades de fabrico e tecnologia de controlo e, muitas vezes, é o fabrico que determina as principais propriedades da invenção.

O desenvolvimento de sistemas de controlo de processadores também determina a viabilidade da solução técnica, o que significa que o algoritmo ou algoritmos, programas, feedback entre os elementos da conceção ou circuitos estão a tornar-se ou já se tornaram uma parte orgânica da solução técnica que constitui a base da invenção reivindicada.

Assim, é necessário combinar ou integrar várias tecnologias diferentes numa única descrição e esta combinação, os possíveis canais e ligações identificados dessa integração, devem ser apresentados nas reivindicações de forma a evitar que o examinador do instituto de patentes duvide da unidade de todas as caraterísticas distintivas integradas da futura invenção e a divida numa série de soluções técnicas locais baseadas numa direção tecnológica.

As oportunidades de registo de patentes no domínio da tecnologia da informação constituem uma enorme área de atividade na sociedade moderna; e se até há pouco tempo era possível caraterizar ou restringir um determinado sector tecnológico de forma muito precisa, com o advento da alta tecnologia e do seu ramo, a tecnologia da informação, essas oportunidades de classificação e mecanismos de proteção mudaram significativamente e transformaram-se num novo sistema de relações técnicas, comerciais e jurídicas.

Em quase todos os processos, mesmo nos relativamente simples, a sua estrutura torna-se integradora e inclui métodos, técnicas e sistemas tecnológicos nunca antes utilizados e, além disso, a integração das soluções técnicas clássicas com as novas possibilidades oferecidas pelas tecnologias da informação altera fundamentalmente o próprio conceito de invenção.

Este fator, que surge nos cruzamentos das tecnologias, altera essencialmente a atitude em relação à formulação e à proteção desses elementos e das suas combinações, que, nestas novas condições, podem ser qualificadas como soluções técnicas integradoras, correspondentes às caraterísticas principais da invenção e baseadas em elementos tecnológicos e de conceção compostos.

Transformar uma ideia abstrata numa ideia real é a parte mais importante do processo de inovação moderno

O historial de processos de patentes cruzadas nos últimos anos entre empresas de alta tecnologia torna necessário verificar e imaginar mais uma vez o processo comum das grandes empresas criarem invenções para as quais essas empresas pedem depois uma patente.

Então, quem é que hoje, nessas empresas, inventa, por assim dizer, por necessidade industrial ou como parte das suas funções diretas de produção?

Regra geral, todas as unidades de produção que fabricam o produto estão fora da empresa e localizam-se, na melhor das hipóteses, nas empresas de empresas associadas ou, o que infelizmente é típico hoje em dia, na China.

Ou seja, numa empresa, o dever de inventar é atribuído principalmente a programadores, analistas de diferentes níveis e capacidades, mas não a engenheiros mecânicos ou electromecânicos, que não fazem parte dos quadros destas empresas, porque, na atual estrutura das empresas, não são necessários - são necessários nas empresas onde se concentra a produção.

Ou seja, podemos dizer que as ideias de novos produtos são geradas com sucesso, mas não sob a forma de uma solução técnica, mas sob a forma de um algoritmo abstrato, um modelo matemático, finalmente um programa, e tudo isto tem uma relação muito distante com as soluções técnicas clássicas, que podem tornar-se a base para uma invenção futura.

O comércio não pode ficar parado e, naturalmente, são apresentados milhares de pedidos de patentes que nada têm a ver com a invenção, pois nem explícita nem implicitamente contêm algo comparável a uma solução técnica de pleno direito.

A imprecisão das definições e a ausência quase total de relações explícitas de causa e efeito, a incompletude das soluções levam a que essas soluções incompletas sejam vistas como abstractas.

Para além disso, como a maioria dos casos diz respeito a meios e métodos de comunicação móvel e a computadores tablet, é muito difícil, se não impossível, distinguir um do outro.

Parece-nos que um direito de patentes claro e imparcial, que não permita compromissos, deveria desempenhar aqui um papel importante.

Como mostra a prática, as lacunas e imprecisões da legislação, os compromissos com o conteúdo básico não mecânico e não eletromecânico das invenções devem ser excluídos pela legislação.

Atualmente, infelizmente, a maioria dos inventores (entre aspas) são advogados que vêem a patente como um meio de pressão sobre os concorrentes.

A Google, o Facebook e seis outras empresas manifestaram-se contra as patentes informáticas que descrevem "ideias abstractas", informa o TechCrunch.

Segundo as empresas, estas patentes constituem uma ameaça para o progresso tecnológico.

As empresas sugerem que as patentes e os pedidos de patente que, em primeiro lugar, descrevem "uma ideia com um elevado grau de generalidade" e, em segundo lugar, não dizem como é que a ideia pode ser posta em prática, não são elegíveis. As patentes referem apenas que o desenho ou modelo pode ser aplicado "num computador" ou "na Internet".

Se alguém tiver uma "ideia abstrata", os titulares de patentes podem processá-lo por violação dos seus direitos. Este sistema "impede o progresso tecnológico em vez de o fazer avançar", argumentam as empresas, porque os direitos são "concedidos àqueles que não criaram inovações significativas".

Oito empresas aliadas descreveram os sinais de patentes não elegíveis num relatório de peritos enviado a um tribunal de recurso dos EUA na sexta-feira, 7 de dezembro. O tribunal é chamado a rejeitar processos que envolvam patentes com "ideias abstractas".

O parecer foi motivado por um litígio entre duas empresas de serviços financeiros, a Alice Corp. e a CLS. O objeto do litígio é um "sistema de processamento de dados para troca de obrigações entre partes" que a Alice Corp. patenteou. De acordo com a Google, o Facebook e outras empresas signatárias, o sistema enquadra-se na classe das "ideias abstractas".

No contexto destas informações bastante negativas, os relatórios de empresas também de alta tecnologia parecem muito mais confiantes, mas empresas que não tiveram origem na Internet ou nas redes sociais.

Estas empresas criam invenções com base em princípios clássicos que têm orientado as suas invenções desde antes da Internet e das redes sociais.

Essas empresas não tencionam lutar com ninguém pelo reconhecimento ou não reconhecimento das suas patentes, tencionam simplesmente produzir os seus produtos inovadores e vender aos litigantes de patentes de ambos os lados dos litígios sobre patentes.

Eis alguns exemplos de tais invenções.

Os engenheiros da IBM conseguiram criar um conjunto de dispositivos que integram a transmissão eléctrica e ótica de informações num único chip fabricado com a tecnologia CMOS normal.

Entre os dispositivos que a IBM conseguiu desenvolver encontram-se multiplexadores que traduzem sinais electrónicos em sinais ópticos de diferentes comprimentos de onda, detectores que realizam a tarefa inversa e vários moduladores. Todos estes dispositivos têm a forma de um chip integrado e não de componentes individuais.

Um dos dispositivos apresentados é um transcetor que transmite informações através de um canal ótico a um ritmo de 25 gigabits por segundo por canal. O dispositivo é capaz de enviar vários fluxos de dados num único canal ótico, utilizando luz de diferentes frequências.

Podem ser dados exemplos semelhantes para outras empresas que trabalham no domínio do registo de patentes de acordo com esquemas e princípios clássicos.

Para concluir, gostaríamos de apresentar o nosso ponto de vista sobre a formação de uma solução técnica, que se torna a base de uma invenção.

Uma vez que as principais caraterísticas distintivas ocorrem nos componentes de um produto integrativo complexo, as relações causais têm de ser procuradas na adaptação e integração dos componentes inovadores mencionados neste produto.

Uma vez que se pode presumir que componentes semelhantes podem ser utilizados noutros produtos, é muito provável que a patente seja atribuída à pessoa que utilizou o componente pela primeira vez.

Lista da literatura utilizada, patentes e licenças

Anexo 1

Pedido de patente dos EUA20190302107

Código de tipo A1

Kauffman, Stewart, et al. 3 de outubro de 2019.

SISTEMA E MÉTODO DE COMPUTAÇÃO HÍBRIDO QUÂNTICO-CLÁSSICO

Anotação

O presente documento apresenta sistemas e formas de realização de sistemas que funcionam entre estados totalmente *quânticos* coerentes e totalmente clássicos. Os exemplos incluem um sistema de computação híbrido *quântico-clássico* que inclui uma pluralidade de processadores *quânticos* interligados por meios clássicos.

Anexo 2

Pedido de patente dos EUA 20190310070

Código de tipo A1

MOWER, JACOB C. ; et al. 10 de outubro de 2019.

MÉTODOS, SISTEMAS E DISPOSITIVOS PARA PROCESSAMENTO FOTÓNICO QUÂNTICO PROGRAMÁVEL

Anotação

Um circuito integrado fotónico programável implementa transformações ópticas lineares arbitrárias numa base de modos espaciais com elevada precisão. Num modelo de fabrico realista, analisamos implementações programáveis da porta CNOT, da porta CPHASE, de um algoritmo iterativo de estimativa de fase, da preparação de estados e de passeios aleatórios quânticos. Verificamos que a programabilidade aumenta consideravelmente a robustez do dispositivo às imperfeições de fabrico e permite a realização de uma vasta gama de experiências em ótica linear *quântica* e clássica num único dispositivo. Os nossos resultados sugerem que os processos de fabrico existentes são suficientes para construir um dispositivo deste tipo numa plataforma fotónica de silício.

Pedido de Patente dos E.U.A.20190347576

Código de tipo A1

Von Salis, Jan R. ; et al. 14 de novembro de 2019.

PORTA DE ENTRELAÇAMENTO MULTIQUÂNTICO UTILIZANDO UM ACOPLADOR SINTONIZÁVEL COM MODULAÇÃO DE FREQUÊNCIA

Anotação

O processador *quântico* inclui n circuitos *quânticos* de frequência fixa com frequências diferentes, em que n.gtoreq.3. O dispositivo inclui também um acoplador sintonizável de frequência concebido de modo a que a sua frequência possa ser promovida simultaneamente a m frequências, em que m.gtoreq.2, e em que as referidas m frequências correspondem, cada uma, a uma diferença de energia entre um par de estados *quânticos* respectivos abrangidos pelos circuitos *quânticos*. Os circuitos quânticos estão, cada um, acoplados a um acoplador sintonizável. O método pode basear-se na modulação simultânea da frequência do acoplador sintonizável nas referidas m frequências. Isto é feito, por exemplo, para induzir m transições de energia entre os pares de estados acoplados abrangidos pelos circuitos *quânticos* e para obter um estado emaranhado dos circuitos *quânticos* como uma sobreposição de l estados abrangidos pelos circuitos *quânticos*, l.gtoreq.m.

Anexo 4

Pedido de patente dos EUA 20190347076

Código de tipo A1

PARK, Kyung-Hwan ; et al. 14 de novembro de 2019.

DISPOSITIVO E MÉTODO PARA A GERAÇÃO DE NÚMEROS ALEATÓRIOS QUÂNTICOS

Anotação

As concretizações exemplares da presente invenção fornecem um dispositivo de geração de números aleatórios *quânticos* de acordo com uma concretização exemplar da presente invenção, compreendendo: um detetor de semicondutores espacialmente separado que inclui uma pluralidade de células, cada célula absorvendo individualmente uma pluralidade de partículas de emissão emitidas por um isótopo radioativo; e um processador de sinais que gera um número aleatório com base num evento de absorção em que a pluralidade de partículas de emissão é absorvida numa

Anexo 5

Pedido de Patente dos E.U.A.20190347575

Código de tipo A1

Pedneau ; Edwin Peter Dawson ; et al. 14 de novembro de 2019.

MODELAÇÃO DE CIRCUITOS QUÂNTICOS EM *COMPUTADOR* UTILIZANDO ARMAZENAMENTO HIERÁRQUICO DE DADOS

Anotação

O presente documento descreve a modelação de um circuito *quântico* de entrada, incluindo uma especificação legível por máquina do circuito *quântico*. Os aspectos incluem a partição do circuito quântico de entrada num grupo de subcircuitos com base em pelo menos dois grupos de qubits definidos para o corte tensorial, em que os subcircuitos resultantes têm conjuntos associados de qubits a utilizar para o corte tensorial. A modelação pode ocorrer por fases, uma fase por sub-circuito. O conjunto de qubits associado a um sub-circuito pode ser utilizado para particionar o tensor de estado quântico modelado para o circuito de entrada de estado *quântico* em fatias de tensor de estado quântico, e as portas *quânticas* nesse sub-circuito podem ser utilizadas para atualizar as fatias de tensor de estado *quântico* em fatias de tensor de estado *quântico* actualizadas. Os fragmentos de tensor de estado *quântico* actualizados são armazenados na memória secundária como microfragmentos.

Anexo 6

Pedido de patente dos EUA 20190340532

Bom bacalhau A1

DUCORE, Andrew Mapps ; et al. 7 de novembro de 2019.

CARACTERIZAÇÃO DE UM SIMULADOR *DE COMPUTADOR* QUÂNTICO

Anotação

A divulgação descreve vários aspectos dos simuladores *de computadores quânticos*. Num aspeto, um método de caraterização de um simulador de computador quântico inclui a identificação de processos de simulação suportados pelo simulador *de computador quântico*, gerando, para cada processo de simulação, curvas caraterísticas para várias portas ou operações *quânticas*, em que as curvas caraterísticas incluem informações para prever o tempo necessário para simular cada uma das portas ou operações *quânticas* num respetivo processo de simulação, e fornecendo as curvas caraterísticas ao Num outro aspeto, é descrito um método para otimizar simulações num simulador *de computador quântico*, em que o processo do simulador é selecionado para simular um circuito, programa quântico ou algoritmo *quântico* com base em curvas caraterísticas que prevêem o tempo necessário para realizar a simulação.

Anexo 7

Pedido de Patente dos E.U.A.20190332731

Código de tipo A1

Chen, Jianxin ; et al. 31 de outubro de 2019.

MÉTODO E SISTEMA PARA COMPUTAÇÃO QUÂNTICA

Anotação

Uma das modalidades descritas neste documento fornece um sistema e um método para modelar o comportamento de um circuito quântico que inclui uma pluralidade *de* portas *quânticas*. Em tempo de execução, o sistema recebe informações que representam o circuito *quântico* e constrói um gráfico não direcionado correspondente ao circuito *quântico*. Um vértice correspondente no gráfico não direcionado corresponde a uma variável individual no integral do caminho de Feynman utilizado para calcular a amplitude do circuito *quântico*, e uma aresta correspondente corresponde a uma ou mais portas *quânticas*. O sistema identifica um vértice no gráfico não direcionado que está ligado a pelo menos duas portas quânticas de dois quantum; simplifica o gráfico não direcionado removendo o vértice identificado, removendo assim efetivamente as portas quânticas de dois quantum ligadas ao vértice identificado; e avalia o gráfico não direcionado simplificado, facilitando assim a modelação do comportamento do circuito *quântico*.

Pedido de patente dos EUA20190325338

Código de tipo A1

Dukatz, Carl Matthew ; et al. 24 de outubro de 2019.

A COMPUTAÇÃO QUÂNTICA MELHORA OS TRANSPORTES

Anotação

Métodos e sistemas para uma abordagem de computação *quântica* para resolver problemas de transporte complexos, por exemplo, NP-completos. Um método inclui: (a) introduzir dados de transporte numa estrutura gráfica, em que os dados de transporte estão associados a um sistema de transporte; (b) determinar uma métrica de transporte associada ao sistema de transporte; (c) determinar pelo menos um atributo associado aos dados de transporte, em que a métrica de transporte se baseia, pelo menos em parte, no atributo; (d) utilizar um *computador quântico* para obter um parâmetro de trabalho para o atributo que melhore a métrica de transporte; e (e) aplicar o parâmetro de trabalho ao funcionamento do sistema de transporte.

Anexo 9

Pedido de patente dos EUA 20190339550
Código de tipo A1
Grundmann, Michael Jason ; et al. 7 de novembro de 2019.

NANOESTRUTURAS QUÂNTICAS FECHADAS COM HOMOGENEIDADE MELHORADA E MÉTODOS PARA A SUA PREPARAÇÃO

Anotação

O método inclui: fornecer um substrato que inclua uma camada de material cristalino com uma primeira superfície; e expor a primeira superfície a um ambiente em condições suficientes para permitir o crescimento epitaxial de uma camada de material depositado na primeira superfície, em que a exposição da primeira superfície ao ambiente inclui a iluminação do substrato com luz com um primeiro comprimento de onda para induzir o crescimento epitaxial da camada de material depositado. A primeira superfície inclui uma ou mais áreas discretas de crescimento, em que a taxa de crescimento epitaxial do material com uma nanoestrutura *quântica* confinada é superior à das partes da primeira superfície afastadas das áreas de crescimento numa quantidade suficiente para que o material de deposição forme uma nanoestrutura *quântica* confinada em cada uma das uma ou mais áreas discretas de crescimento.

Pedido de patente dos EUA20190325336

Código de tipo A1

Raleigh; Michelle 24 de outubro de 2019.

BIOS QUÂNTICOS PARA RECONFIGURAÇÃO DE ARQUITECTURAS DE COMPUTAÇÃO QUÂNTICA

Anotação

Os métodos e sistemas para controlar um sistema de controlo ótico integrado para computação *quântica* utilizando um chip bios *quântico* são descritos no presente documento. Um chip bios quântico que inclui uma ou mais geometrias de interligação de qubits e um ou mais códigos de correção de erros associados às geometrias de interligação de qubits recebe instruções associadas a uma aplicação de computação *quântica*. *O* biochip *quântico* configura um ou mais elementos de comutação de um sistema de controlo ótico integrado acoplado ao biochip *quântico*, em que os elementos de comutação controlam o emaranhamento de um ou mais qubits do *computador* quântico e os elementos de comutação são configurados com base numa das geometrias de interconexão de um ou mais qubits selecionados e num dos códigos de correção de erros compatíveis com as geometrias de interconexão de um ou mais qubits selecionados.

Anexo 11

Pedido de patente dos EUA 20190318259

Código de tipo A1

Mohseni, Masoud ; et al. 17 de outubro de 2019.

CONCEPÇÃO E PROGRAMAÇÃO DE EQUIPAMENTOS QUÂNTICOS PARA PROCESSOS FIÁVEIS DE RECOZIMENTO QUÂNTICO

Anotação

Entre outras coisas, o dispositivo inclui unidades quânticas; e acopladores entre as unidades *quânticas*. Cada acoplador está configurado para acoplar um par de unidades quânticas de acordo com um Hamiltoniano quântico que caracteriza um *quantum* que utiliza o acoplador.

Pedido de patente dos EUA20190311284

Código de tipo A1

Mohseni, Masoud ; et al. 10 de outubro de 2019.

CONCEPÇÃO E PROGRAMAÇÃO DE EQUIPAMENTOS QUÂNTICOS PARA PROCESSOS FIÁVEIS DE RECOZIMENTO QUÂNTICO

Anotação

Entre outras coisas, o dispositivo inclui unidades quânticas; e acopladores entre as unidades *quânticas*. Cada acoplador está configurado para acoplar um par de unidades quânticas de acordo com um Hamiltoniano quântico que caracteriza um *quantum* que utiliza o acoplador.

Anexo 13

Pedido de patente dos EUA20190325166

Código de tipo A1

Suresh; Vikram ; et al. 24 de outubro de 2019.

OPERAÇÃO DE ASSINATURA DE CHAVE PÚBLICA PÓS-QUÂNTICA PARA DISPOSITIVOS COM CIRCUITOS RECONFIGURÁVEIS

Anotação

As modalidades da invenção dizem respeito à operação de assinatura de chave pública *pós-quântica* para dispositivos com circuitos reconfiguráveis. Numa forma de realização, o dispositivo inclui um ou mais processadores; e um dispositivo de circuito reconfigurável, em que o dispositivo de circuito reconfigurável inclui um motor de hardware de hash criptográfico dedicado e um tecido reconfigurável que inclui elementos lógicos (LE), em que os um ou mais processadores devem configurar o dispositivo de circuito reconfigurável para a operação de assinatura de chave pública, incluindo o mapeamento de uma máquina de estado para gerar e verificar a chave pública para o tecido reconfigurável, incluindo o mapeamento da máquina de estado para gerar e verificar a chave pública para o tecido reconfigurável, incluindo o mapeamento da

A geração e verificação da assinatura criptográfica.

Pedido de patente dos EUA 20190305206

Bom bacalhau A1

Harris, Richard G. ; et al. 3 de outubro de 2019.

SISTEMAS, MÉTODOS E DISPOSITIVOS PARA A COMPENSAÇÃO ACTIVA DE ELEMENTOS PROCESSADORES QUÂNTICOS

Anotação

Os dispositivos e métodos podem compensar ativamente as divergências indesejadas nos elementos supercondutores de *um* processador *quântico*. O Qbit pode incluir uma estrutura primária de junção josephson composta (CJJ), que pode incluir pelo menos uma primeira estrutura CJJ secundária para compensar uma assimetria de junção josephson na estrutura CJJ primária. O qubit pode incluir um circuito LC em série acoplado em paralelo com a primeira estrutura CJJ para proporcionar uma capacitância sintonizável. O sistema de controlo do qubit pode incluir meios para sintonizar a indutância do circuito do qubit, como um acoplador sintonizável acoplado indutivamente ao circuito do qubit e controlado através de uma interface de programação, ou uma estrutura CJJ acoplada em série ao circuito do qubit e controlada através de uma interface de programação.

Anexo 15
Pedido de patente dos EUA 20190327095
Código de tipo A1
<u>Hong; Changho ; et al. 24 de outubro de 2019.</u>

UM DISPOSITIVO E UM MÉTODO PARA ASSINATURA QUÂNTICA SEGURA

Anotação

Um aparelho e um método para uma assinatura quântica segura. Um método que utiliza um aparelho para uma assinatura *quântica* segura inclui a preparação de uma assinatura *quântica* através da partilha de uma primeira chave secreta e de um primeiro estado de Bell com um dispositivo terminal do signatário e da partilha de uma segunda chave secreta e de um segundo estado de Bell com um dispositivo terminal do verificador; a assinatura de uma mensagem pelo dispositivo terminal do signatário com uma assinatura *quântica* utilizando o primeiro valor de codificação, a primeira chave secreta e o primeiro estado de Bell; e a verificação pelo aparelho de uma mensagem utilizando o primeiro valor de codificação, a primeira chave secreta e o primeiro estado de Bell.

Código de tipo A1

FU; Yingfang 3 de outubro de 2019.

MÉTODO, DISPOSITIVO E SISTEMA DE AUTENTICAÇÃO PARA O PROCESSO DE DISTRIBUIÇÃO DE CHAVES QUÂNTICAS

Anotação

A presente invenção divulga um método de autenticação para um processo QKD, e divulga ainda dois métodos de autenticação adicionais e dispositivos correspondentes, e um sistema de autenticação. O método inclui os seguintes passos: um remetente seleciona uma base para preparar a informação de autenticação de acordo com um algoritmo numa biblioteca de algoritmos e, em conformidade, aplica diferentes comprimentos de onda para enviar estados *quânticos* de informação de controlo e informação de dados de acordo com um formato de informação pré-determinado; um recetor filtra os estados *quânticos* recebidos, utiliza uma base de medição correspondente ao mesmo algoritmo para medir o estado *quântico* da informação de autenticação e envia de volta a informação de autenticação. Além disso, o remetente termina o processo de envio se a sua informação de autenticação local não coincidir com a informação de autenticação inversa. Nesta forma de realização, a autenticidade da identidade dos participantes na comunicação pode ser confirmada em tempo real para defender eficazmente contra ataques man-in-the-middle e DDoS; além disso, a informação de autenticação é gerada com base num algoritmo para evitar o desperdício de chaves *quânticas*.

Código de tipo A1

Kapit, Eliot 3 de outubro de 2019.

SISTEMAS E MÉTODOS DE CORRECÇÃO QUÂNTICA PASSIVA DE ERROS

Anotação

As portas quânticas transparentes a erros podem ser implementadas com um ou dois qubits lógicos, cada um com múltiplos qubits físicos interligados. As portas quânticas transparentes a erros implementam um Hamiltoniano que comuta com o Hamiltoniano de erro único dos qubits lógicos, podendo assim funcionar com sucesso mesmo na presença de erros únicos. Como resultado, as portas quânticas transparentes a erros podem funcionar com maior precisão do que as suas congéneres transparentes a erros. Cada um dos qubits lógicos pode ser, por exemplo, um qubit lógico muito pequeno (VSLQ) formado a partir de um conjunto de qubits transmonianos ou outros qubits supercondutores.

Printed by Books on Demand GmbH, Norderstedt / Germany